颐和园

连达　著

清華大學出版社
北　京

颐和园占地约3平方公里，是北京故宫面积的4倍多（参见绘本《故宫》）。

看不到头儿呀！
妹妹
长城

颐和园位于北京城区西北方，距城区15公里。

颐和园坐落在北京的西山脚下，是京西连绵群山前镶嵌的一颗明珠，是中国最大且保存最完整的皇家园林。

颐和园的万寿山因形如陶瓮，最初称为瓮山，山南边的湿地称为瓮山泊。后来，清朝的乾隆皇帝看中了这里，决定修建一座新的园林，为自己的母亲崇庆皇太后庆祝六十大寿。

瓮山泊汇集了西山流下来的多条河流，向东流入北京城的护城河及城内的三海（今北海公园一带），并最终与京杭大运河相连通。既为北京提供了水源，又可在山洪泛滥时蓄积调控洪水，保证了北京的安全。
这里曾是北京城的水源地，并向东与京城和运河水系相连通。
乾隆皇帝名叫爱新觉罗·弘历，是清朝入关后的第四位皇帝。
乾隆皇帝
这儿不错，建个园子给太后过生日吧。

清朝乾隆十五年（1750），开始挖掘和拓宽瓮山泊水面，将其命名为昆明湖。将挖出的土石用来堆砌、扩充瓮山，更名为万寿山。1751年，这座新的园林被命名为“清漪园”。乾隆二十九年（1764），清漪园工程全部完成，前后历时十五年。

西汉的汉武帝曾经开挖昆明池操练水军，乾隆皇帝借用这个典故命名了昆明湖。

瓮山的名字太过于直白，万寿山的名字则与给皇太后祝寿的主旨更加协调。

“清漪园”三字为乾隆皇帝所题，印章内容为“乾隆御笔之宝”。
清漪園
清漪的意思是湖水清澈且有波澜，以赞美山光水色。
清漪园的营建离我们现在并不久远，还不到三百年。
那个时代没有机械化施工设备，进行大型的工程建设十分不容易，全靠人力挖掘和运输。

昆明湖的格局仿照著名的杭州西湖进行规划，在西部也筑有一条漫长的西堤，把昆明湖水面进行了巧妙的分割，与西湖的苏堤有异曲同工之妙。

乾隆皇帝一生中曾六次下江南巡幸，深爱江南的山水园林。他决心在北方重现南方的园林景致，这样就可以随时欣赏和流连其中了。

昆明湖被挖掘扩充成近乎一个寿桃的形状，表达对皇太后长寿的美好祝愿。
哈哈，真像个大桃子！
万寿山
昆 明 湖
治镜阁岛
西
南湖岛
堤
藻鉴堂岛
在中国传统神话中，海上有蓬莱、方丈、瀛洲三座仙山，是神仙居住的地方，在昆明湖上则建有南湖岛、藻鉴堂岛、治镜阁岛三座大岛，寓意这里就是海上的仙山。

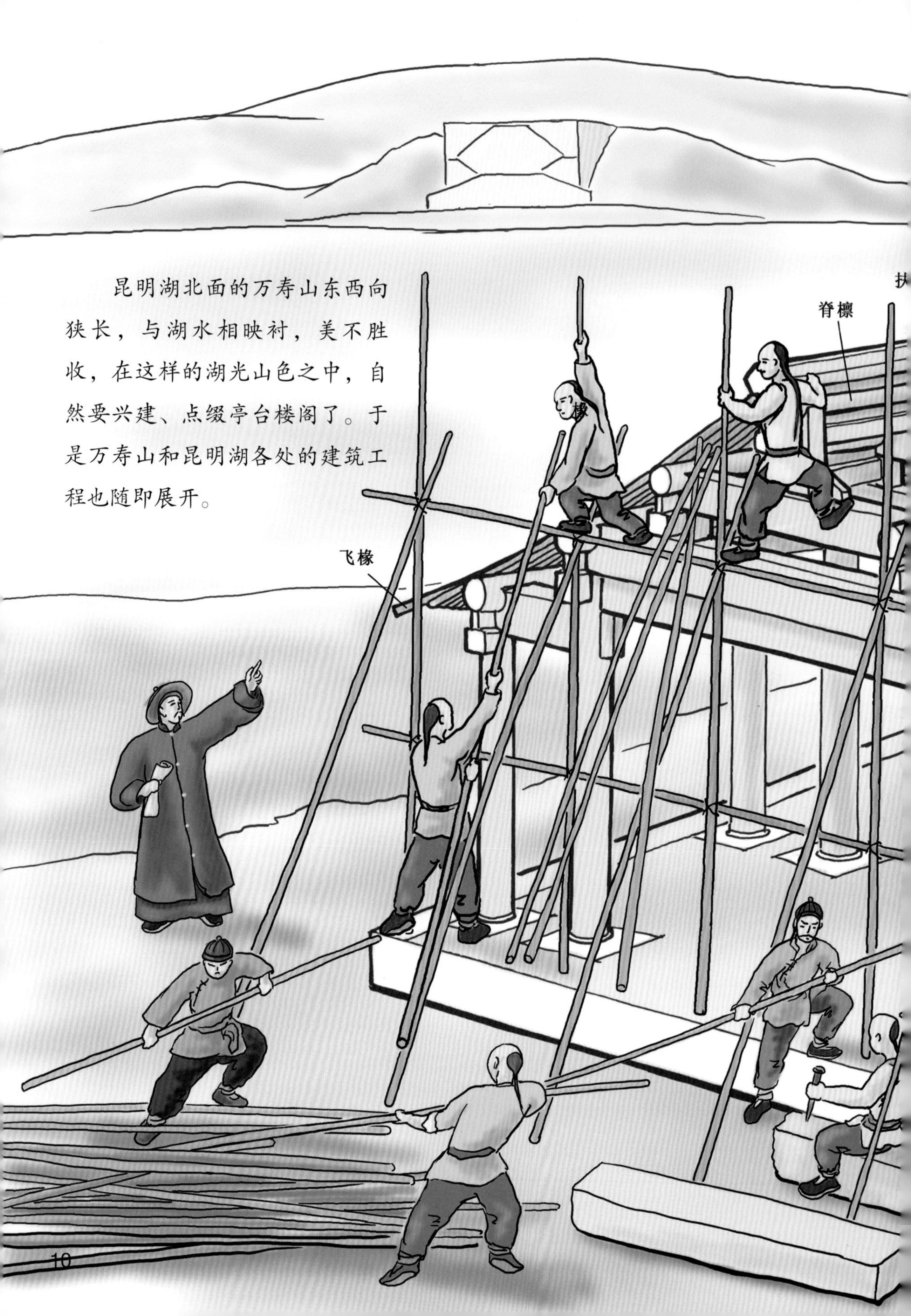

昆明湖北面的万寿山东西向狭长，与湖水相映衬，美不胜收，在这样的湖光山色之中，自然要兴建、点缀亭台楼阁了。于是万寿山和昆明湖各处的建筑工程也随即展开。

看，在南湖岛上，正在热火朝天地施工；远处万寿山脚下也建起了高大的平台，那里就是日后佛香阁的所在地。

万寿山前建有一大片金碧辉煌的寺庙，名为大报恩延寿寺，是乾隆皇帝为母亲祝寿所建的第一组建筑群。

报恩是指乾隆皇帝要报答太后的养育之恩，延寿是希望太后延年益寿，所以这座大报恩延寿寺就是乾隆祈求佛祖保佑和赐福母亲的地方。

在古建筑中，使用黄色琉璃瓦的建筑是规格最高的。大报恩延寿寺建筑群就使用了黄色琉璃瓦，因此是整片山水园林里最气派堂皇的地方。

杭州六和塔始建于宋朝，重建于明朝，是一座砖石塔。现在的杭州六和塔看起来像一座高大敦厚的木塔，是因为清朝时为了保护原有的砖石塔，在外面又加建了一座木塔式外壳，形成了一个保护罩。清朝的承德避暑山庄六和塔也是仿照杭州六和塔修建的。

乾隆皇帝还下令在大报恩延寿寺后面的山坡上仿照杭州的六和塔修建一座宝塔，塔下建有高大的台基，使这座宝塔更加挺拔俊秀。

可是，当宝塔即将建成的时候，忽然发生了坍塌，山崩地裂，场面十分惊人，大家四散奔逃。在科学技术不发达的年代，人们认为这是很不吉祥的征兆，怀疑该塔没有得到上天的庇护，担心在这里建造宝塔违背了天意。

乾隆皇帝在宝塔快完工时，想到清漪园西面的玉泉山上已经有了一座塔，万寿山新塔使景观出现了重复，违背了传统造园理念，有些后悔了。正巧这时宝塔倒塌，所以乾隆皇帝不但不懊恼，反倒有点窃喜。后来甚至有人说是乾隆皇帝故意把塔修坏了，为拆掉这座塔找借口。

古时候没有钢筋混凝土框架等建筑材料，所以砖塔这类高层建筑大多建成下宽上窄的梯形或锥形结构，以求稳定。内部则建有实心或空心的主干，形成双层套筒结构。下层墙壁还会用坚固的条石和青砖砌得特别厚，以承受上部塔身的重量。越向上墙壁越薄，这样可以减轻对下层的压力。中国建塔技术历史极其悠久，现在还保留着许多有一千四百多年历史的隋唐时期砖塔呢！

乾隆皇帝最后决定拆掉宝塔的剩余部分，在这里重新修建一座造型敦厚稳重的八角四层檐巨大楼阁，取名佛香阁。不得不说，这座楼阁与下边高台相配，比例协调，显得更加美观，效果要好于原来纤细的宝塔。

佛香閣
敷华亭
南山门
德辉殿

这块碑的造型是仿照中岳嵩山的“大唐嵩阳观纪圣德感应之颂碑”的样子制作的。

佛香阁东侧有一组叫作“转轮藏”的紧凑而精巧的小建筑群，在光绪皇帝时期是帝后礼佛诵经的地方。中心立着一通巨大的石碑，上面刻有乾隆皇帝亲笔题写的“万寿山昆明湖”六个大字。背面镌刻《万寿山昆明湖记》，记述了扩展昆明湖的目的和过程。

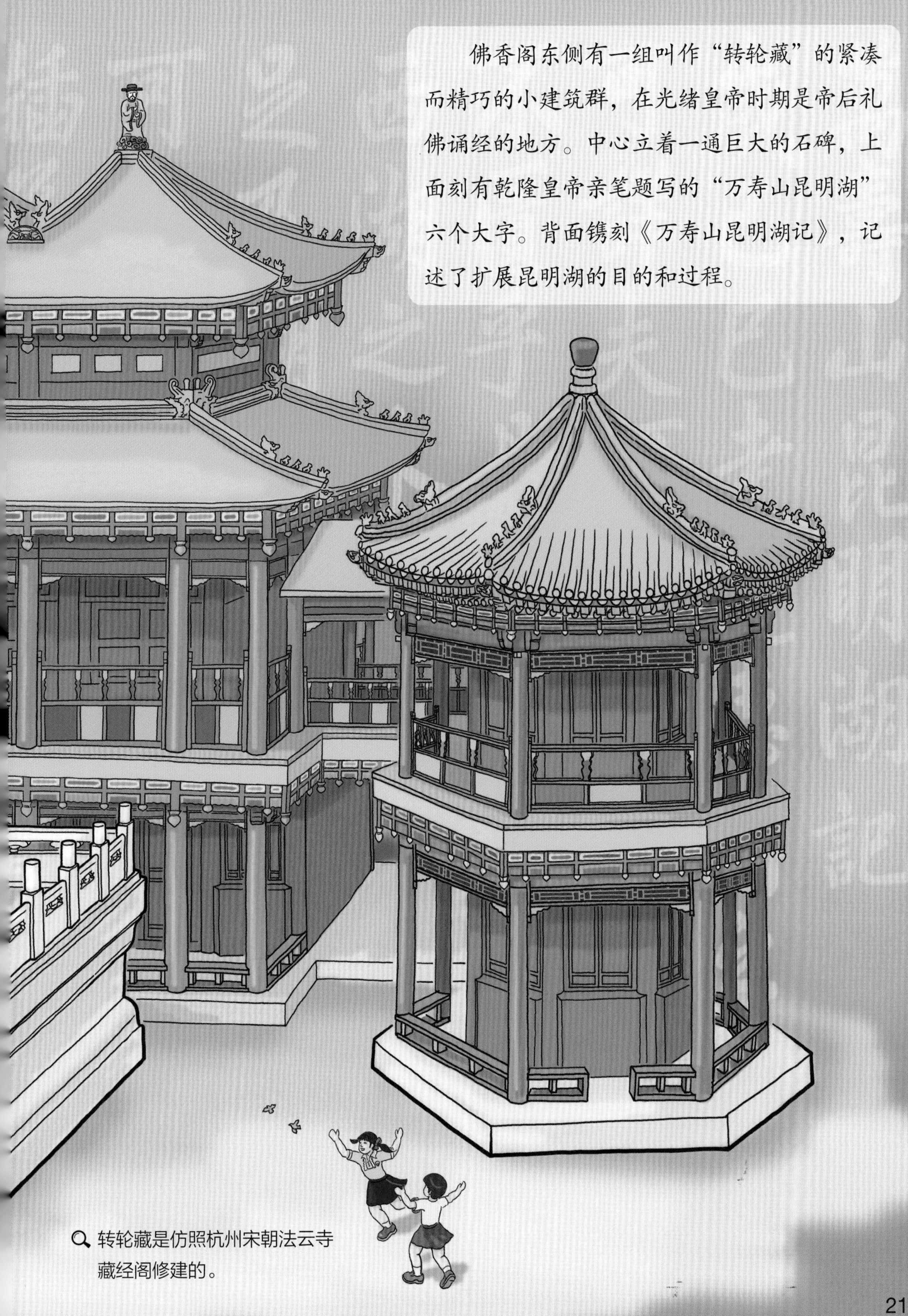

转轮藏是仿照杭州宋朝法云寺藏经阁修建的。

佛香阁西侧也有一组亭阁栉比的小巧院落。小楼和围廊环绕的核心，是一座全部用铜铸造的重檐歇山顶两层殿堂，叫作“宝云阁”，看上去像一座木结构建筑，俗称铜殿。

原来在承德避暑山庄也有一座与宝云阁相似的铜殿，叫珠源寺宗镜阁，可惜被侵华日军炸毁，并熔炼制成武器弹药。

在佛香阁背后、万寿山最高处，建有一组宽大而华丽的两层琉璃佛阁，主体殿堂叫“智慧海”，前边还有一座琉璃牌坊叫作“众香界”，是万寿山前山建筑群最高潮的部分。

清朝皇室笃信佛教，因此园林里常会有佛教建筑的身影。众香界的意思就是美好的佛国世界，智慧海意在赞颂佛祖的智慧如大海一样深邃无边。

琉璃剪边，是指在古建筑的屋檐上使用与屋顶不同颜色的琉璃瓦进行装饰，起到丰富屋顶色彩的作用。

这是圆明园的西洋楼建筑，由意大利画家郎世宁和法国建筑学家蒋友仁设计。

紧邻清漪园的圆明园则是一座中西合璧的皇家园林，也是乾隆皇帝最喜欢的地方。随着清漪园的建成，两片园林几乎连成了一体。乾隆皇帝长期住在圆明园，并经常到清漪园游玩。

圆明园也是一大片皇家园林建筑群，由圆明园、长春园和绮春园三部分组成，约始建于清朝康熙四十六年（1707），到乾隆皇帝时仍然在大力修建，是历任皇帝避暑的夏宫，有“万园之园”的美誉。

清漪园西边近处的玉泉山上有宝塔耸立，远处连绵的西山宛若画屏，葱郁的林木和大片的水田乡村景色也成为清漪园的远景陪衬，把园林的意境拓展得更加深远。

玉泉山还有一座静明园，其西面的香山有一座静宜园，与万寿山清漪园合称为三山行宫。

在中国古典园林中常应用借景的手法，即把在本园林以外的其他景物或山水景观巧妙地借用，成为本园林的背景，使得园林的景深大为增加，视角更为广阔，是一种巧妙的布局。

畅春园、静宜园、静明园、圆明园、清漪园合称为五园。

万寿山北面偏东一点的山坡上建有另一座宏大的藏式佛教寺院，叫作“须弥灵境”，与前山的大报恩延寿寺前后呼应。乾隆皇帝借此彰显本朝幅员辽阔、对各种文化充满着包容的胸怀。

须弥灵境最前面的大殿为大雄宝殿，后边的楼阁叫作“香岩宗印之阁”。在后部的平台上下散布着大小佛殿，象征着日、月和佛教里的四大部洲、八小部洲，另有黑、白、绿、红四色的佛塔环绕其间，象征着佛教不同的智慧。
六小部洲
东胜神洲
四小部洲
三小部洲
南瞻部洲
须弥灵境
法藏楼
宝华楼
重檐歇山顶
庑殿顶

须弥灵境东面有一处近似半月形的花承阁建筑群，里边耸立着一座三层的琉璃小塔，造型玲珑俊秀，装饰层面又有山顶智慧海的华丽雍容，令人有耳目一新之感。

核心的寺院名“莲座盘云”，是三合院结构，修建在一座半圆形的高台上，外围用游廊环绕。

修建这座楼阁式八角琉璃多宝塔，是为了填补清漪园缺乏塔类建筑的空白。

花承阁巧妙地利用了地形高差，在台上看是平房，在台下看则是楼阁。

乾隆皇帝最喜爱江南水乡的感觉，他的母亲也喜欢行船于水街上，感受两岸繁华市井生活的氛围。但他们又不能像普通百姓一样去逛街，于是乾隆皇帝在万寿山北山脚下开辟了一条后河。

在河的两岸仿照苏州水街的格局建了一条买卖街，因此也叫苏州街。这也是乾隆皇帝给母亲的礼物。

在皇家园林里当然不能开办普通百姓的商铺，这些沿街的店铺也就是为了讨皇帝的欢心，做做样子。店里掌柜伙计和街上的行人都由宫中的太监、宫女装扮，见到皇帝的船开过来，就立即有模有样地吆喝起来，圆皇帝一个逛苏州的梦。

万寿山的东部有彰显皇权的外朝区，主体殿堂叫作勤政殿，朝向东方而建，是皇帝接受百官朝拜和处理政务的地方。但乾隆皇帝除了在紫禁城居住外，更多的时间是在圆明园居住和处理政务，每次来清漪园都只是暂时游览，并不久留。

许多皇家园林里会建外朝区和宫廷区，既显示了皇权的至高无上，又是一种森严等级的体现。清朝皇帝嫌紫禁城气氛过于肃穆压抑，在夏季常喜欢到西郊的皇家园林里居住和理政，或者率领王公贵戚到承德避暑山庄去避暑打猎。

卷棚歇山顶

勤政殿南面原有一座纪念元朝名相耶律楚材的祠堂。按理说在皇家园林中是不允许留有外人祠堂的，况且是前朝、异族的大臣。但乾隆皇帝敬重耶律楚材的学识与品格，不仅将其保留，还加以重修和保护。

耶律楚材是蒙古帝国时期的中书令，辅佐成吉思汗和他的儿子窝阔台三十余年，稳定天下混乱的局面，阻止蒙古大军屠城杀害百姓，保护了大量人才，使中原的文化得以延续传承。

勤政殿西边和北边还有几处用于皇室居住的院落，如乐寿堂、玉澜堂、宜芸馆等。画中便是乐寿堂，背山临湖，环境清幽，起居之间可以随时欣赏湖光山色。庭院中用一块天然巨石作为影壁，叫作“青芝岫”。

青芝岫又名“败家石”，原来是明朝文人米万钟在房山看中的一块灵秀巨石。结果因为巨石运输过于困难，他耗尽家财也没能运到自己的花园里，只得在半路遗弃，由此落了个“败家”之名。后来乾隆皇帝把这块巨石运到了乐寿堂前，作为影壁之用。乾隆皇帝的母亲评其为“此石不祥”。

颐和园除了风景游览区外，宫殿部分也都是仿照紫禁城分为处理政务的外朝区和供皇室居住休息的内廷区，勤政殿属于外朝，乐寿堂等便是内廷了。

清漪园里还设有多处仿关隘式的城楼建筑，主要集中在万寿山周边，如西边供奉关羽的“宿云檐”、东边的“赤城霞起”（紫气东来）、东南的“文昌阁”等。这些高耸的楼阁既点缀了园林景色，又使这里有了一种尊贵森严的气息。

万寿山东西城关分别有文昌阁和宿云檐，象征一文一武，文武双全。
文昌阁
文昌阁是众多城楼中结构最复杂、最华丽的，里面供奉着文昌帝君和玉皇大帝。道教中文昌帝君是主管读书人功名利禄的神；玉皇大帝是上天的主宰，即天庭的皇帝，在《西游记》里被孙悟空闹得苦不堪言。

昆明湖东堤的南段、面朝湖水的方向，静静地卧着一只铜牛。有人说这头牛是天上牛郎所牵的牛，也有人说这是起镇水作用的神牛，如果铜牛被移走，昆明湖就要洪水泛滥了。实际上这座铜牛还真是乾隆皇帝为镇压水患而铸造的，蕴含着祈求河清海晏的美好祝愿。

铜牛背上铸有篆体铭文《金牛铭》：“夏禹治河，铁牛传颂。义重安澜，后人景从。制寓刚戊，象取厚坤。蛟龙远避，讵数鼍鼋。溸此昆明，潴流万顷。金写神牛，用镇悠永。巴邱淮水，共贯同条。人称汉武，我慕唐尧。瑞应之符，逮于西海。敬兹降祥，乾隆乙亥。”实地对照一下，看看你能认得出来上面的篆书吗?

其实古代民间也常受水患的困扰，在科学技术和水利设施都不发达的年代，民间经常建造镇河楼、镇海楼、镇水塔或雕刻、铸造镇水瑞兽，期望能够预防水灾的发生。

铜牛附近有一座巨大的八角形亭子，叫“廓如亭”，又叫“八方亭”。亭子西侧有一座如彩虹卧波般的十七孔石桥，一直延伸到湖中的一座大岛——南湖岛。

从十七孔桥的左或右往中间数，第九个桥洞都是最大的那个，象征皇家的尊严。

十七孔桥的石栏杆上雕刻了形态各异的小狮子，等你有机会来颐和园的时候，看看能不能数清楚一共有多少只。

南湖岛原本是和陆地相连的，昆明湖被扩宽后，这里就变成湖心的岛屿了，是昆明湖内湖上最大的岛。南湖岛近乎圆形，像一轮满月，岛北端堆假山建有望蟾阁、月波楼等建筑。岛北面正对着万寿山，是欣赏前山景色的绝佳位置。

望蟾阁的原型是湖北的黄鹤楼。

南湖岛还有码头，这样既可以从陆地走十七孔桥上岛，又可以乘船从湖上登岛。

被西堤分成两部分的昆明湖，东边叫作内湖，西边叫作外湖。从西堤北部又向西建有一道支堤，把外湖分成了南北两部分。

北宋著名文学家苏轼在杭州当知州时修建了西湖上的堤坝，后人便称之为苏堤了。

为了模仿杭州西湖的风光，乾隆皇帝依照西湖苏堤的形式在昆明湖西部建了一条连通南北的长长堤坝，叫作西堤，把湖面分割成东西两部分。为了使两组水面保持连通，在西堤上还建有六座美轮美奂的桥梁，又为水色山光增添了许多点缀。

西堤六桥由北向南依次为界湖桥、豳风桥、玉带桥、镜桥、练桥、柳桥。

十字歇山顶

在外湖北部有小岛名为治镜阁岛。治镜阁造型精巧复杂，是昆明湖三座岛屿上最漂亮的楼阁建筑。因为独处于湖水中央，只能乘船到达。远远望去，好像海上神仙居住的宫殿一般充满了神秘的气息。

清朝皇室信奉藏传佛教，治镜阁就是按照其中坛城的形式设计建造的。层叠环绕的回廊和精巧绝伦的楼阁，寓意着佛国世界吉祥的须弥山。

泛舟于昆明湖上，如黛的青山，西堤的烟柳，以及点缀于其间的亭台阁榭，使人宛若穿行在画卷里。移舟换景，水天一色中的治镜阁渐渐清晰地展现在眼前，巍峨华美，好像天上的琼楼玉宇。

乾隆之后的嘉庆、道光年间，清漪园已经开始走向衰落。尤其大力倡导节俭的道光皇帝，还曾撤掉清漪园等皇家园林的陈设，很少再来这里，清漪园也就日渐冷清。

湖里的几个小岛和万寿山前后，还建有许多大大小小的亭台楼阁，并种植了大量的树木花卉。走在园中，无处不是好风景，真是令人陶醉。清漪园在乾隆年间达到了全盛。

昙花阁是一座造型别致、设计精巧的六角攒尖顶重檐三滴水两层楼阁，平面如一朵绽放的花，美轮美奂。重建后改名景福阁。

朕要去木兰（围场）秋狝。
皇上，洋兵打进京城了，请您赶紧定夺啊！
咸丰皇帝

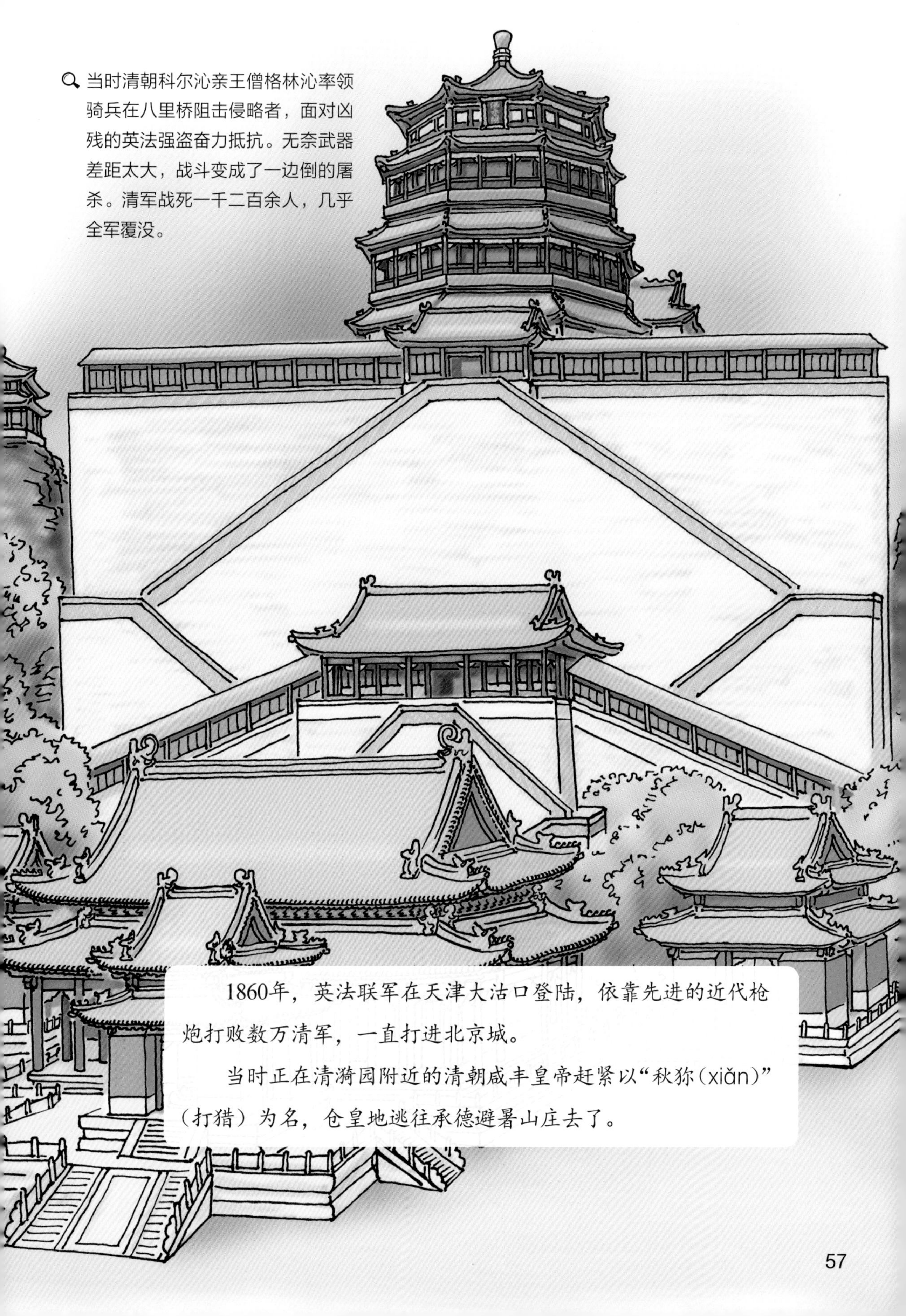

当时清朝科尔沁亲王僧格林沁率领骑兵在八里桥阻击侵略者，面对凶残的英法强盗奋力抵抗。无奈武器差距太大，战斗变成了一边倒的屠杀。清军战死一千二百余人，几乎全军覆没。

1860年，英法联军在天津大沽口登陆，依靠先进的近代枪炮打败数万清军，一直打进北京城。

当时正在清漪园附近的清朝咸丰皇帝赶紧以“秋狝(xiǎn)”（打猎）为名，仓皇地逃往承德避暑山庄去了。

疯狂的英法侵略者大肆抢掠“三山五园”的皇家珍宝，并纵火把经过几代人营建才形成的美好园林全部烧毁了。

“三山五园”中最著名的当数圆明园，所以后人经常统称为火烧圆明园，实际上是把包括清漪园在内的其他几处园林也一起烧毁了。

法国文学家雨果把英国和法国比作两个强盗，称他们摧毁了世界上最伟大的园林。

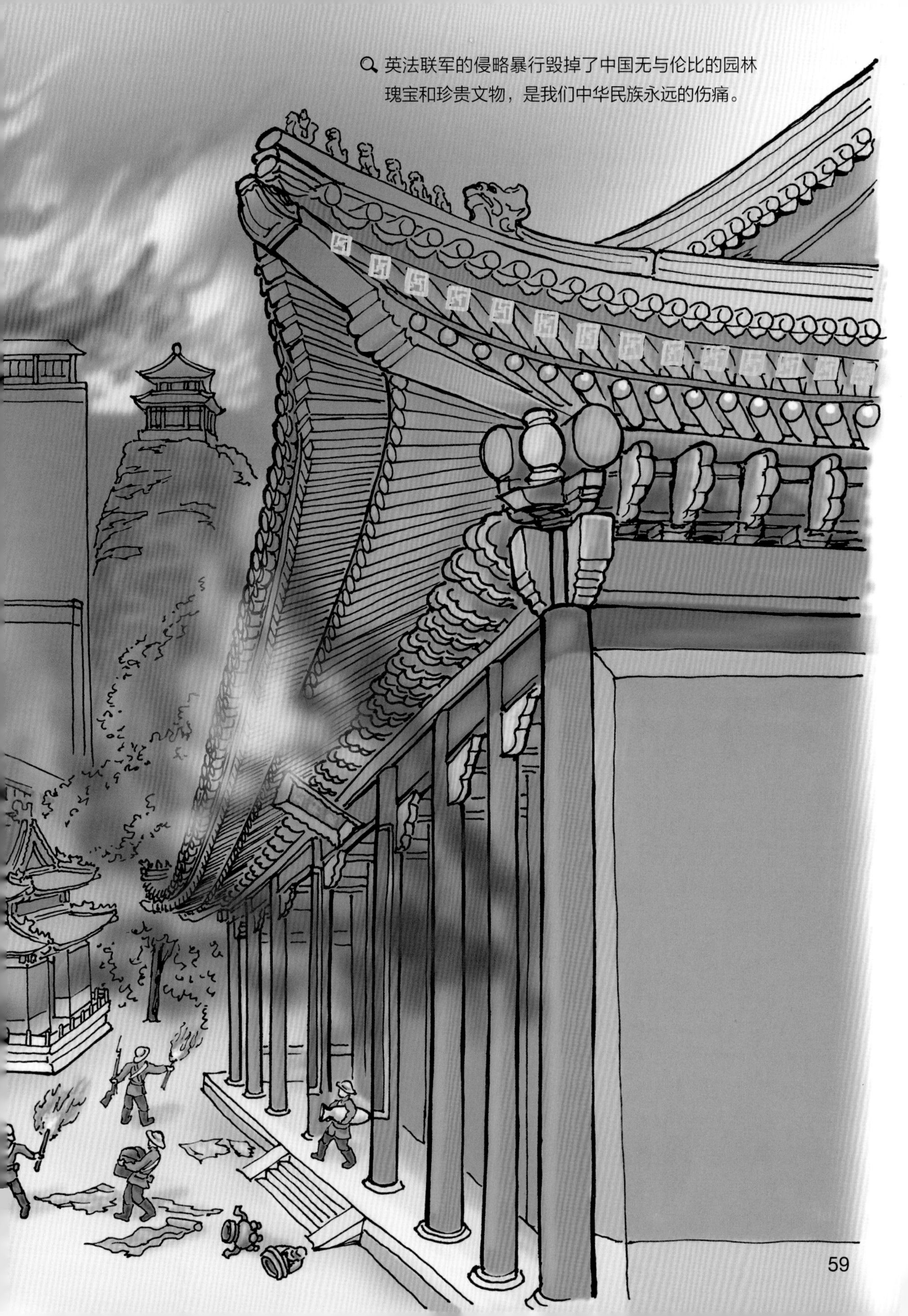
英法联军的侵略暴行毁掉了中国无与伦比的园林瑰宝和珍贵文物，是我们中华民族永远的伤痛。

在这场浩劫中，清漪园变成了一片焦土和废墟。昔日恢宏壮丽的皇家园林只剩下残垣断壁，仅有少量建筑免遭荼毒。

🔍 大火过后，乾隆皇帝精心修建的清漪园绝大部分建筑都被毁掉，仅有砖石和琉璃建造的智慧海、铜铸的宝云阁、湖水环绕的治镜阁等少量建筑侥幸留了下来。

1888年，当时清朝的实际统治者慈禧太后召见“样式雷”家族的雷廷昌，观看他制作的宫殿烫样，准备重修一座皇家园林，用于颐养天年。但清朝屡经战乱，国力衰微，已经无力全面重修圆明园了。于是她仅重修了清漪园，并改名为“颐和园”。

“样式雷”家族是一个传奇的建筑家族，从清朝康熙年间就一直承担着皇家宫殿和园林工程的设计和建造工作，前后八代人，见证了清王朝的兴衰。
“烫样”就是建筑模型，能比图纸更直观地反映建筑设计方案的全貌。

颐和园
唉，我就是个摆设而已！
光绪皇帝

原来朝东而建的清漪园东宫门得到了恢复，挂起了气派的“颐和园”横匾。

限于财力，清政府主要修复了清漪园时期万寿山前山部分的建筑，比如标志性的佛香阁等。佛香阁下原来的大报恩延寿寺旧址改建成排云殿建筑群，作为慈禧太后生日庆典时接受朝拜的地方。

仁寿殿匾额是华带牌匾，周围盘绕着木雕贴金的云龙，是皇家宫殿和园林中较常见的一种匾额，通常用于宫廷里兼具行政与起居功能的殿堂，如故宫的养心殿。
仁寿殿前的大铜缸起防火作用。在消防技术不成熟的古代，一旦发生火灾，缸里存的水最为方便取用灭火。缸下还有炉灶，冬天会生火，以防里边的水结冰。

乾隆时期的勤政殿也得到了修复，改名为“仁寿殿”，是慈禧太后和光绪皇帝上朝和接见大臣的地方。

现在仁寿殿前陈列的铜龙和铜凤都是慈禧太后下令铸造的，铜凤在内侧，铜龙在外侧，以表明慈禧太后凌驾于光绪皇帝之上的至尊地位。

仁寿殿前还有一尊巨大的铜铸瑞兽，就是象征着富贵吉祥的麒麟。

乐寿堂是慈禧太后的寝宫，玉澜堂、宜芸馆则分别住着光绪皇帝和隆裕皇后。
鹿谐音禄，鹤象征着长寿，在乐寿堂前有铜铸的鹿、鹤各一对，代表着慈禧太后长久享受富贵生活的愿望。
樂壽堂

原来作为寝宫的乐寿堂、玉澜堂、宜芸馆等建筑也都按照原样复建了，那块青芝岫仍然摆放在原处。

戊戌变法引发了光绪皇帝与慈禧太后的激烈冲突。变法失败后，慈禧太后囚禁了光绪皇帝。她在北京城内时把光绪皇帝关在瀛台，在颐和园则把光绪皇帝软禁在玉澜堂内。

皇帝长大了，敢不听我的话了？

儿臣不敢。

慈禧太后

光绪皇帝

后来慈禧太后还率先在乐寿堂安装了电灯和电话，是近代中国最早使用这些新鲜玩意儿的人。

长廊全长728米，是中国古典园林中最长的一组游廊。

长廊的梁架上还绘制了14000多幅彩画，主要是慈禧太后最喜欢的苏式彩画，以戏剧和历史故事、风景、花卉为题材，值得仔细驻足欣赏。梁架上半圆形的图框被称作“包袱”，画师就是在这不大的面积内创作出了众多精彩的作品。

早在乾隆年间，万寿山前东起乐寿堂西侧的邀月门，西到万寿山西南的石丈亭就建有一条长廊。游览者在长廊中既可欣赏湖山美景，又能遮阳避雨。所以慈禧太后重修了长廊，经常从乐寿堂沿长廊到山前各处游览。

贯穿长廊间的，是留佳、寄澜、秋水、清遥四座八角重檐的亭子，分别代表春、夏、秋、冬。

您能认出右边包袱里讲述的是哪段著名的历史故事吗？

慈禧太后还在宫廷区北边新建了一处德和园，里面有一座三层高的大戏楼，规模堪比紫禁城里的宁寿宫戏楼。慈禧太后是个戏迷，经常在这里听戏。

德和园戏楼分为三层，最上层演天宫的故事，中间演人间的故事，下层演地狱的故事。如果唱《西游记》这样的剧目，各层舞台上还设有活动的天井，演员可以利用绳索自如地在各层之间上下穿行。

戏楼还设有喷水装置，比如演江海波涛汹涌的情节，便有机关喷出水营造气氛。

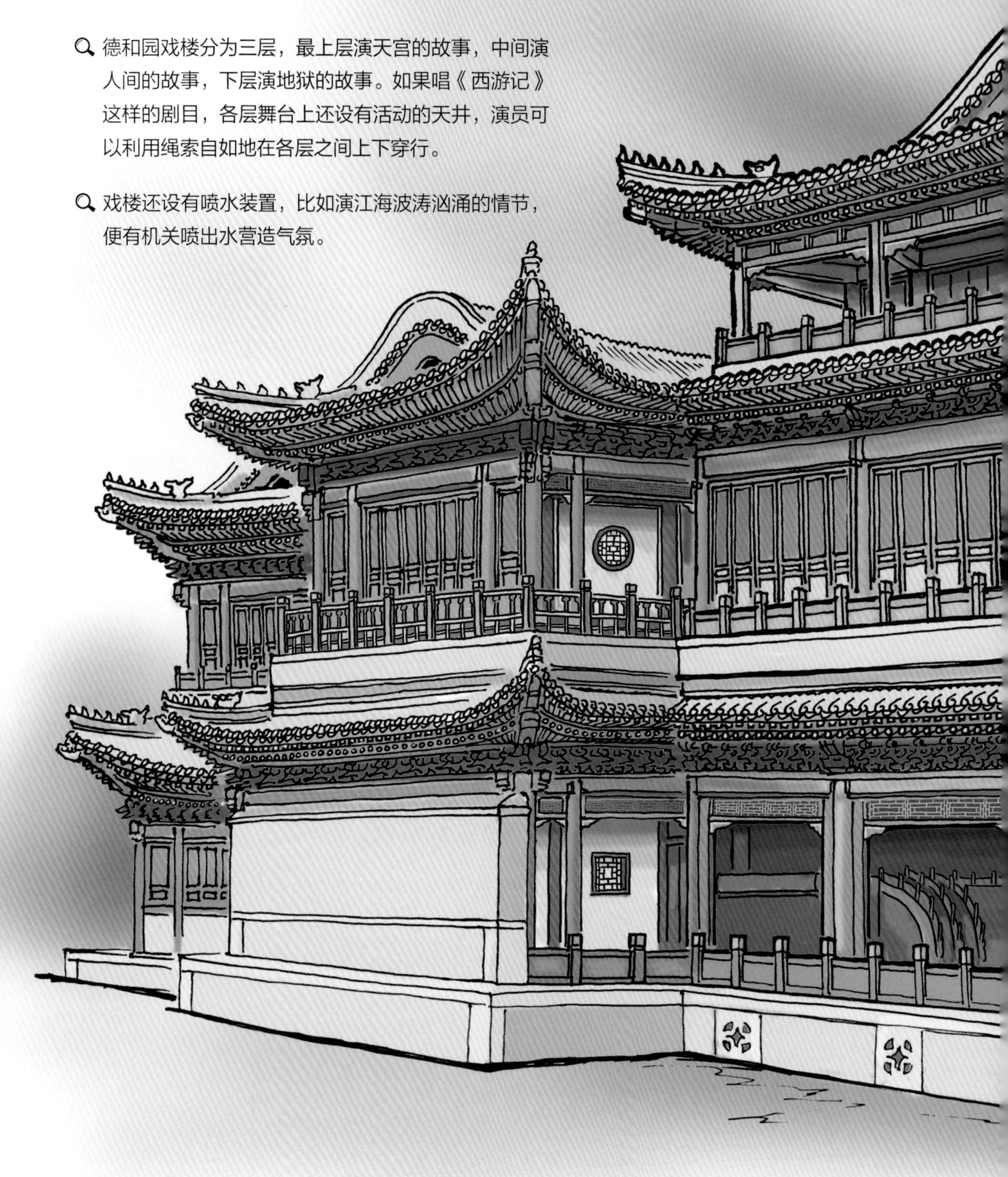

戏台对面是气派的颐乐殿，慈禧太后就坐在里面看戏。左右设有环抱戏楼的围廊，供文武大臣和皇亲贵戚陪同太后看戏。

万寿山东侧的山脚下，还修复了一处名叫“谐趣园”的“园中园”。这里由繁茂的荷塘掩映着曲折的小径，点缀精巧的亭台阁榭，真是移步换景，深得苏州园林的精妙趣味，也是慈禧太后特别喜欢的地方。

这里最早是仿照江苏无锡的寄畅园修建的，叫作“惠山园”。乾隆皇帝的儿子嘉庆皇帝将其改名为“谐趣园”。
兴尽晚回舟，
误入藕花深处。

万寿山西麓的湖滨还有一座华丽的石舫，名叫“清晏舫”。这是乾隆皇帝修建的一条大石船，上面原有木结构的楼阁，可惜被英法联军烧毁。慈禧太后在上边重建了仿西洋风格的两层楼阁式船舱，经常坐在里面欣赏美景，就好像坐在船上游览昆明湖一样。

长廊的西端起点石丈亭就在石舫旁边，慈禧太后走出长廊，就可来到石舫了。

石舫是用大理石雕凿修筑，造型模仿西洋风格的火轮船，惟妙惟肖，好像刚刚从远方驶来，停靠入港一样。

由于资金和材料有限，原来曾经高耸的文昌阁重建的时候被缩小了规模，降低了高度。（参见 P42—43 页内容）

本来在战火中幸存下来的治镜阁却被拆掉，将材料挪作他用了。还有许多被毁掉的清漪园建筑，后来根本就没有再重建。

因为慈禧太后重建的颐和园主要修复了万寿山前山的建筑，后山的许多地方至今仍能见到被英法联军毁坏后的建筑遗址。

文昌阁为单檐歇山顶建筑，
前后出抱厦。

1900 年，八国联军打进北京城。慈禧太后带着光绪皇帝逃往西安，颐和园再一次遭到侵略者的洗劫。

许多人都弄不清到底是英法联军还是八国联军烧了圆明园，常常混为一谈。实际上两者前后相差四十年。1860年英法联军烧毁圆明园的暴行和罪责，我们永远不能忘记。

山色湖光共一楼，是八角攒尖顶三滴水两层楼阁，寓意将万寿山和昆明湖的美好景色一起揽入楼中。

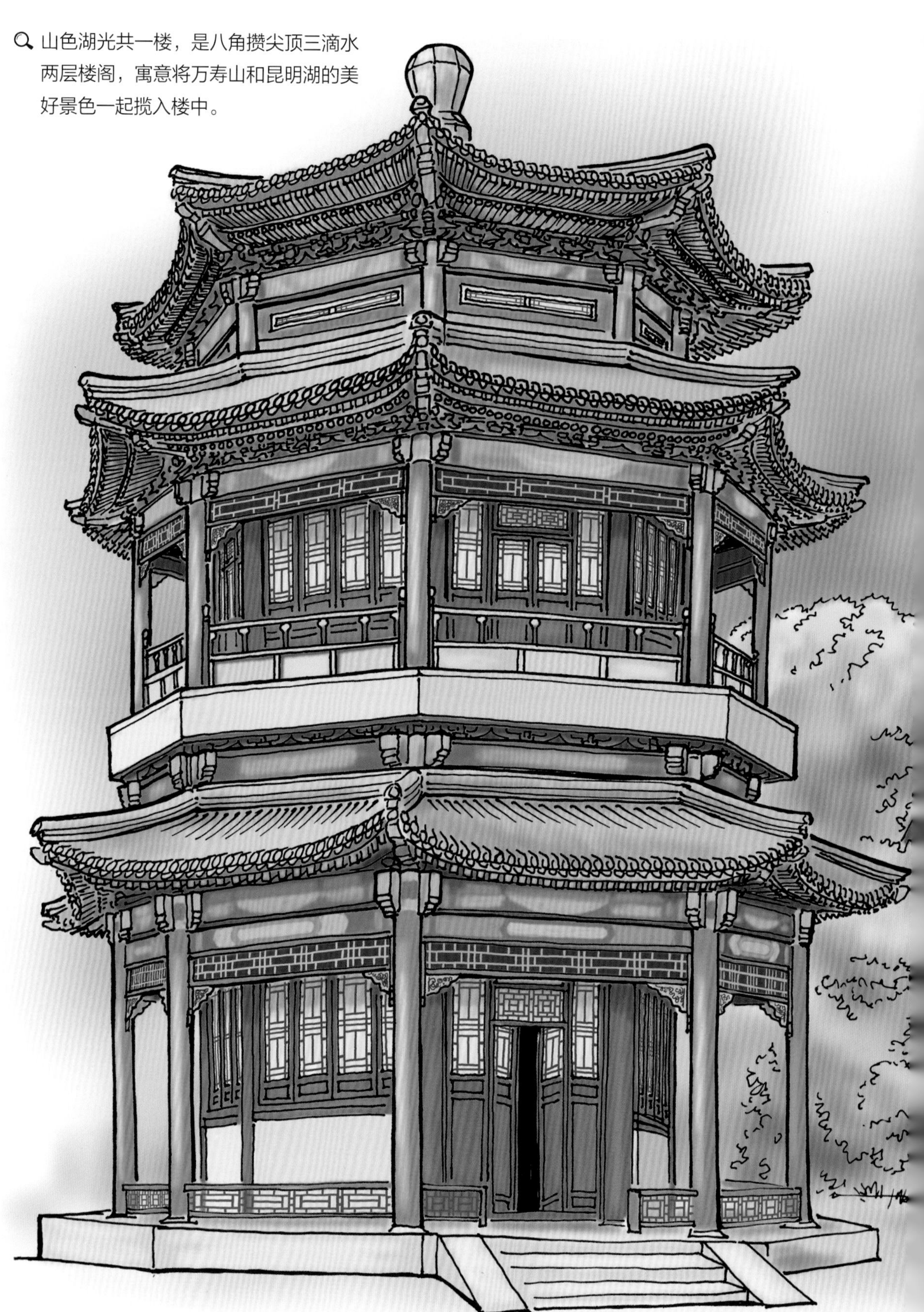

慈禧太后回到北京后，晚年生活几乎一直居住在颐和园。她临终前指定了三岁的溥仪继承皇位，但仅仅三年后清朝就灭亡了。1924 年，溥仪被逐出宫，颐和园才收归国有，成为国家的公园。

清朝灭亡后，紫禁城和颐和园一度作为皇家保留的财产仍给清朝皇室使用。但没有了国家财政的支持，落魄的皇室已经负担不起颐和园的日常开销，于是决定对外卖票开放，曾经的皇家禁苑终于向普通人揭开了神秘的面纱。

“画中游”是以重檐八角攒尖顶两层的澄辉楼为中心，左右各以爬山廊串联两亭两楼组成的建筑群，取倚山面湖、宛在画中之意。

如今的颐和园总是游人如织，人们常常把注意力放在诸如仁寿殿、排云殿和佛香阁这样的标志性建筑上。其实万寿山四周还有许多幽静的小园林，也是颇值得我们流连驻足的，比如排云殿西侧的小院“清华轩”。

清华轩原本是乾隆时期大报恩延寿寺下属的罗汉堂，慈禧太后将其改建成可供居住的两进小院，取东晋谢混《游西池》中“水木湛清华”的诗意命名“清华轩”。今天著名的清华大学之名也是取自于这句诗。

新时代有许多年轻人来到这里做志愿者导游，为游人讲解颐和园的历史和故事，带领大家畅游这美好的山光水色和历史建筑。

新中国成立后，对于颐和园的保护和修缮工作不断进行。万寿山后山被毁掉的须弥灵境建筑群的大部分得到了重建，苏州街也按照当年的样子得到了恢复，颐和园真正变成了供人们尽情游览的地方。

颐和园是我国重要的历史文化遗产，也是中国近代史的重要见证。我们了解和保护颐和园，学习中国古典园林和传统文化，既能欣赏美好的山水园林景致，感受祖国璀璨的文明，也能加深对历史的感知，体会国家强大和人民幸福的意义。让我们共同努力，把颐和园这样珍贵的中华乃至世界文化遗产保护传承下去！

图书在版编目（CIP）数据

颐和园 / 连达著. -- 北京 : 清华大学出版社，
2024. 9. -- ISBN 978-7-302-67076-6

Ⅰ. TU-862

中国国家版本馆 CIP 数据核字第 2024SA1112 号

责任编辑：孙元元
装帧设计：谢晓翠
责任校对：欧　洋
责任印制：杨　艳

出版发行：清华大学出版社
　　网　　址：https://www.tup.com.cn，https://www.wqxuetang.com
　　地　　址：北京清华大学学研大厦 A 座　　邮　　编：100084
　　社 总 机：010-83470000　　邮　　购：010-62786544
　　投稿与读者服务：010-62776969，c-service@tup.tsinghua.edu.cn
　　质量反馈：010-62772015，zhiliang@tup.tsinghuan.edu.cn
印 装 者：小森印刷（北京）有限公司
经　　销：全国新华书店
开　　本：185mm×250mm　　印　张：5.75　　字　数：129 千字
版　　次：2024 年 9 月第 1 版　　印　次：2024 年 9 月第 1 次印刷
定　　价：99.00 元

产品编号：086821-01